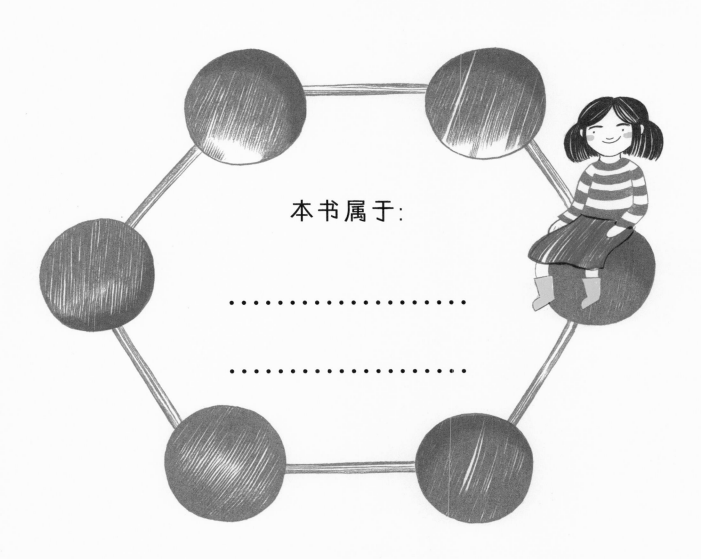

本书属于：

. . . .

. . . .

献给我的家人——夏洛特、约翰和查理，
你们使我的生活充满意义。
献给南汉普斯德高级中学的多萝西·沃尔盖特和
莱斯·赫思。没有你们的帮助，
我不可能成为一名科学家。
——杰丝·韦德

献给海伦——一个最强大的人，
也是我能想到的最棒的朋友和经纪人。
——梅利莎·卡斯特里隆

浪花朵朵

纳米世界

放大 1 亿倍之后

[英] 杰丝·韦德 著

[英] 梅利莎·卡斯特里隆 绘

江群峰 译

浙江科学技术出版社

来看看你的家吧！里面的每件物品都是由某种"东西"做成的。

纸

橡

玻璃

金

木头

棉布

硬纸板

金属

玻璃

水泥

棉布

砖块

玻璃

玻璃

塑料

石头

这些"东西"有的很**轻**,有的很**重**;

有的**坚固**,有的**柔软**;

有的**光滑**,有的**粗糙**……

这些"东西"都有自己的特点,能做成不同的物品。

科学家把这些"东西"叫作**材料**。

你正在看的这本书
是用**纸**做的。
如果书是用**石头**做的,
那该有多重啊!

如果书是用**玻璃**做的,一摔就碎了。

如果书是用**巧克力**做的……
用不了多久,就化成巧克力酱了!

但是,为什么这些材料有的**轻**、有的**重**,
有的**坚硬**、有的**柔软**呢?

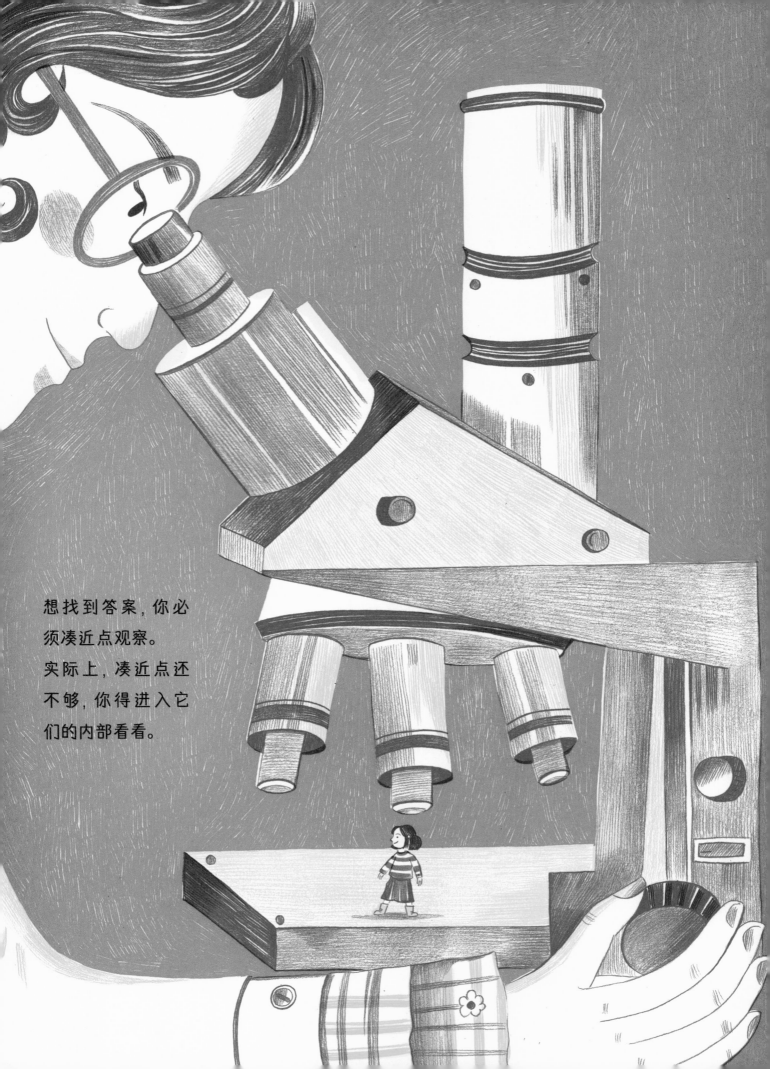

想找到答案,你必须凑近点观察。实际上,凑近点还不够,你得进入它们的内部看看。

放大1亿倍，一起走进纳米世界！你会发现，世界上的一切都是由一块块"一丁点儿大"的"积木"搭起来的，这些"积木"就是**原子**。而地球上的所有东西都是由原子像搭积木一样组成的。

先别急，让我们再读一遍这句话：地球上的所有东西都是由原子像搭积木一样组成的。你也许还不能完全理解，但先别急着跳过去，这句话可太重要了。

你呼哧呼哧呼吸的空气是由什么组成的？**原子**。
你咕噜咕噜喝下去的水呢？**原子**。
你的房间和房间里的玩具呢？**原子**。
这个世界上所有的生命，包括你自己，
都是由一个个**原子**组成的。

水

"一丁点儿大"的原子，
可不是普普通通的"小"，
它只有一粒沙子的几百万分之一！

氧气

铝矿石

棉花

盐

原子拼装在一起，就形成了**分子**。分子可能是由一种原子组成的（比如空气中的氧气分子只由氧原子组成），也可能是由几种原子组成的（比如水分子由氢原子和氧原子组成）。

----- 提示 -----

○ = 氢原子

● = 氧原子

● = 钠原子

● = 氯原子

● = 铝原子

● = 碳原子

—— = 化学键（或者说，分子里原子的连接方式）

世界上的原子有100多类，每一类原子统称为一种元素。
有些材料只含有一种元素——

制作硬币的材料，通常含有镍元素。

制作粉笔的材料，通常含有钙元素。

银器含有银元素。

厨房里用的"锡纸"，实际上是用含有铝元素的材料做成的。

铁餐具含有铁元素。

热气球里充的气体，含有氦元素。

首饰和珠宝可能含有金元素、银元素和铂元素等金属元素。

制作铅笔芯的材料石墨，含有碳元素。

大多数物品的制作材料含有许多种元素。不同元素互相结合，决定了材料的外观和质感——坚固或者柔软，轻或者重。

这是一个塑料罐子。塑料这种材料，主要含有碳元素和氢元素。

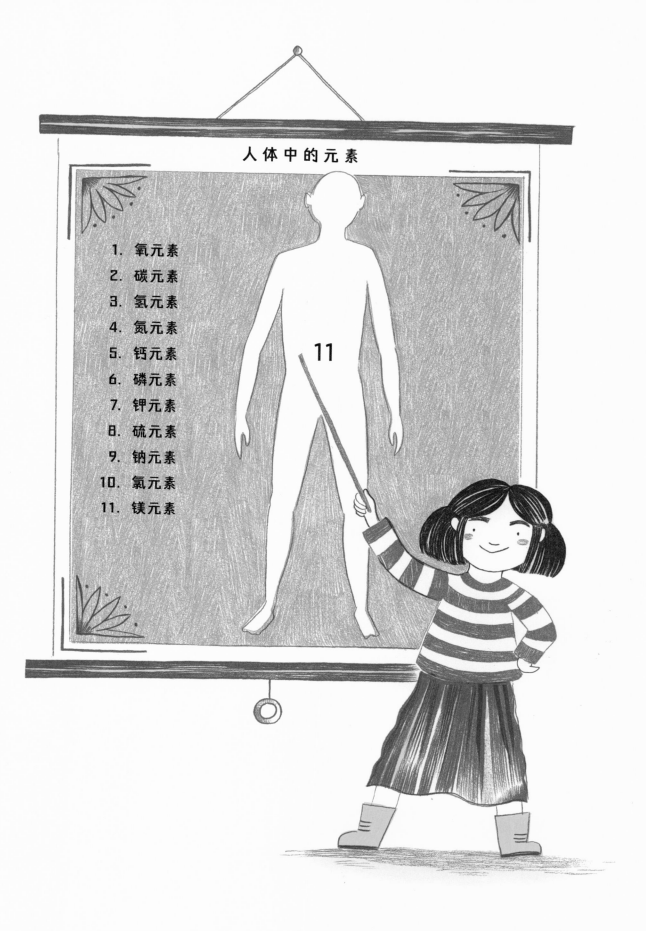

人体中的元素

1. 氧元素
2. 碳元素
3. 氢元素
4. 氮元素
5. 钙元素
6. 磷元素
7. 钾元素
8. 硫元素
9. 钠元素
10. 氯元素
11. 镁元素

人体主要由11种不同的元素组成。其中一种叫作碳的元素，非常重要。

碳元素在这个世界上几乎无处不在。每一个生命体中都有碳元素的存在——从雏菊到橡树，从甲虫到蓝鲸。

你也可以在自然界找到单独存在的碳元素。

碳原子如果按照六边形结构排列，再一层一层堆叠起来，就形成了石墨。

你的书包里很可能就有石墨——铅笔的笔芯就是石墨制成的。

石墨中的碳原子就是这样呈层状排列的

石墨很柔软，很容易涂抹开，这是因为组成石墨的碳原子，层与层之间可以滑动，

所以我们可以用它们书写绘画。

科学家发现，如果把石墨中的一层单独提取出来，就得到了一种全新的材料——**石墨烯**。

石墨烯

石墨烯非常薄，甚至可以透过光线；它比橡胶还要柔软，同时又比钢铁还要坚硬。毫不夸张地说，石墨烯是人类已知的强度最高的材料。

如果用石墨烯制成的丝代替马戏团里的钢丝，即使大象在上面走，它都不会断裂。

科学家用**纳米**
来度量"一丁点儿大"的东西。
石墨烯的厚度仅仅和一个原子差不多，
科学家就称它为**纳米材料**。

因为原子只有这么"一丁点儿大"，
要研究和移动它们，
就必须发明一种新的设备。

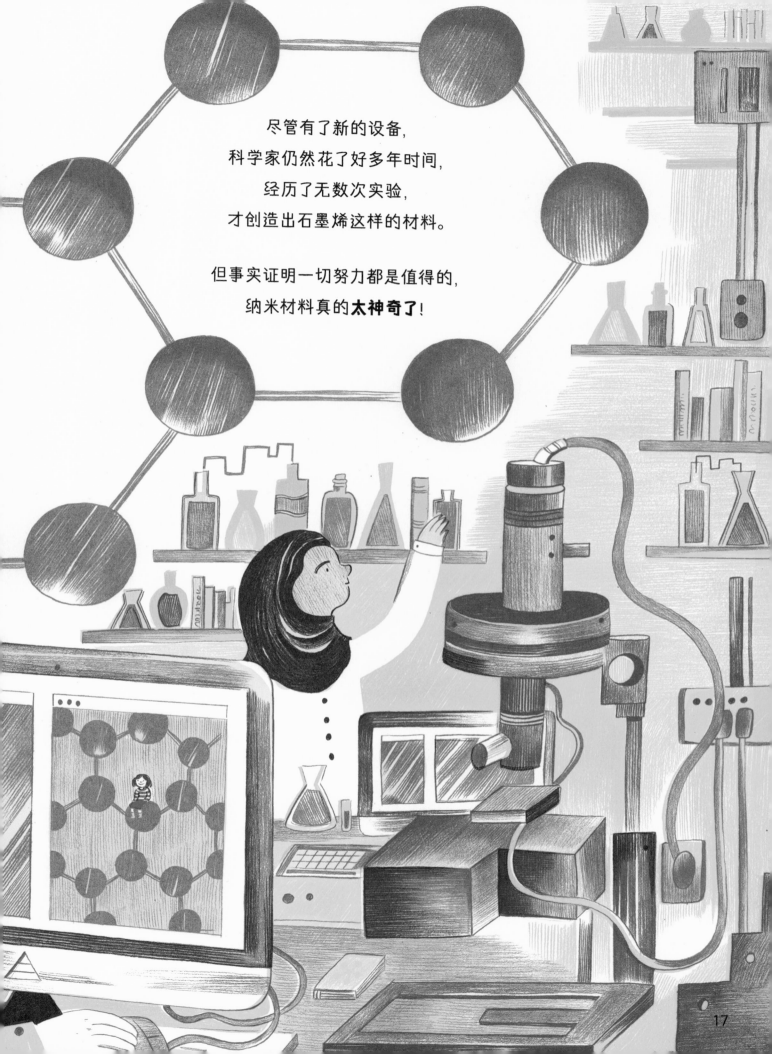

尽管有了新的设备，
科学家仍然花了好多年时间，
经历了无数次实验，
才创造出石墨烯这样的材料。

但事实证明一切努力都是值得的，
纳米材料真的**太神奇了**！

过去

我们已经使用石墨烯制造了：

更坚固、更轻的飞机，这种飞机在空中飞行耗费的燃料更少，
对空气造成的污染也更小；

后来

具有自清洁能力的玻璃窗;

更薄、更轻、色彩显示
更鲜艳的手机；

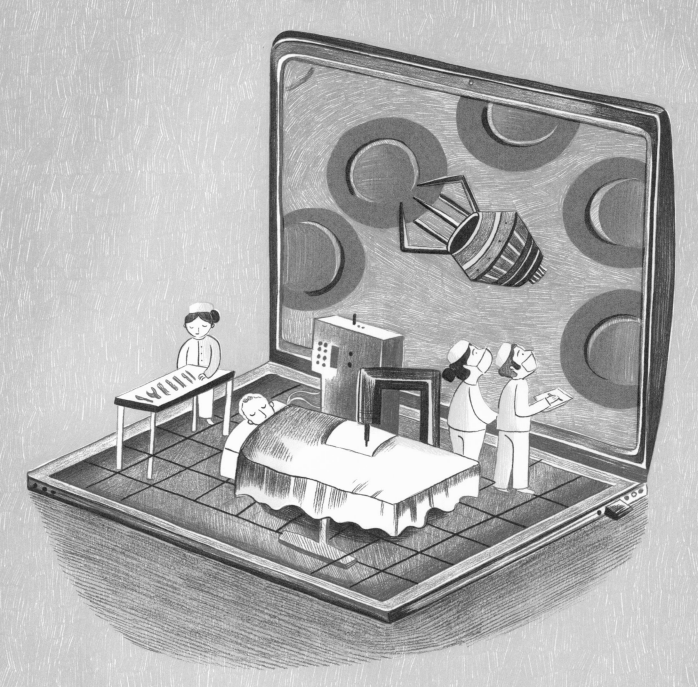

一种神奇的新药——
它可以在医生的操控下
游走在你的身体里，
抵达生病的脏器。

还有许许多多神奇的纳米材料，
如科学家正在研发一种纳米筛，
它的孔洞只有几纳米大小。有了它，
我们就可以将非常微小的盐和泥沙
过滤分离出来。

盐

泥沙

纳米筛内部

也就是说，纳米筛能把海水净化成可以安全饮用的淡水。也许这项技术能让几百万人喝上干净的水。

科学家还在研发可以安全应用到人体的纳米芯片。

这种纳米芯片可以植入盲人的眼球，并与一副带有摄像头的特殊眼镜连接，向盲人传送周围世界的图像。

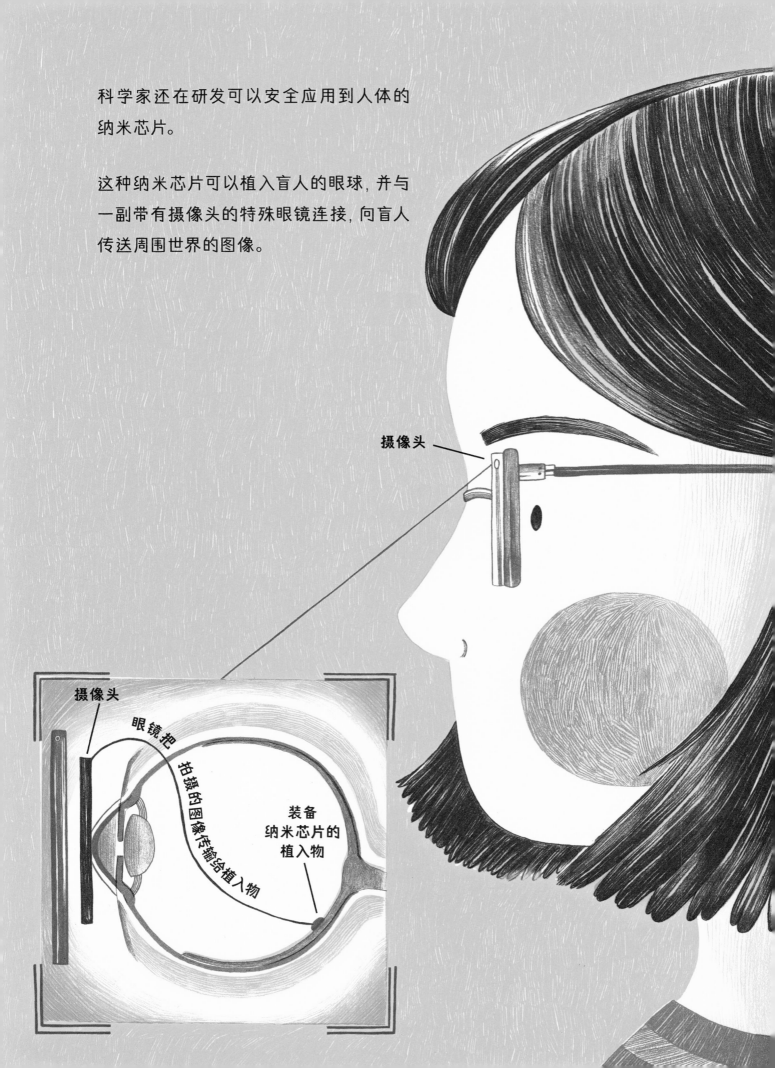

摄像头

摄像头

眼镜把

拍摄的图像传输给植入物

装备纳米芯片的植入物

但是，科学家还需要花上几年的时间，检验新的纳米材料是否安全——科学家要确认新的纳米材料既不会伤害人类，也不会破坏我们的环境。

世界各地的科学家不断提出想法，彼此交流，让新纳米材料问世的速度越来越快。

就在你阅读这本书的时候，科学家正在进行实验，发现原子的更多奥秘，用纳米技术解决更多复杂的问题。

纳米科学是一门仍在发展的科学，需要我们不断探索。
关于纳米科学，还有无穷无尽的秘密有待我们揭开。

谁说得准呢？也许那个揭开秘密的人就是——
你。

走进纳米科学实验室

纳米科学家最关心的问题是：我们需要什么特性的材料？

他们也许想要一种坚固、不容易断裂，同时轻薄、可以弯曲的材料；他们也许想要一种能发出某一特定颜色光线的材料；他们也许想要一种能少量放入人体后，不会危害人体健康的材料。

创造、研究和使用纳米材料，需要身怀绝技的科学家组成一个个团队。如果你已经决定好了要研发某种纳米材料，就组建一个吧！

化学家

在科学家团队中，**化学家**负责设计和制造纳米材料分子。

首先，化学家需要用大量时间研究一个问题：创造新材料需要哪些元素？他们还会建立计算模型，研究这些元素的原子可以通过哪些方式组成分子。当他们发现某种组成方式可能行得通，就会努力把它变成现实。

其次，完善实验可能要花费好多年的时间。为了创造新材料分子，科学家要精确计算出所需元素的质量，以及把这些元素组合到一起所需要的合适的温度、气压和光强。

物理学家

在科学家团队中，**物理学家**负责把化学家创造的分子组合成新材料。他们需要在一个叫作超净间的实验室里，对微量的新纳米材料进行检测。

超净间**非常非常**干净，比你的房间和学校都要干净很多倍！那里使用了特别设计的过滤器，连最细微的灰尘都无法进入，以确保环境不会对新材料的特性产生影响。

偶尔，科学家什么都不做，元素自己也能组合出美丽的图案和结构。但通常情况下，科学家需要给元素们一些帮助，比如用3D打印机来操控分子的组成方式。

显微镜

研究纳米材料时，传统显微镜帮不上什么忙，要更精细的工具才行！为此，科学家研发了一种带有微小针尖的显微镜——**原子力显微镜**（Atomic Force Microscope, AFM）。

科学家可以操纵原子力显微镜的针尖，在纳米材料表面上移动——材料表面的凸凹会使针尖上下移动。通过测量针尖上下移动的幅度，科学家就可以绘制出一幅材料表面的图像。这个图像可以帮助他们识别材料里的原子和分子。

光 谱

科学家在研究纳米材料里的分子时会用到**光谱分析**。

光谱分析就是用非常强的光去照射纳米材料，并记录下不同颜色反射光的数量。

通过这种方法，科学家可以精确地找出纳米材料里有哪些分子，以及这些分子的排列方式——因为每种分子在光照下的反射情况都是独一无二的。

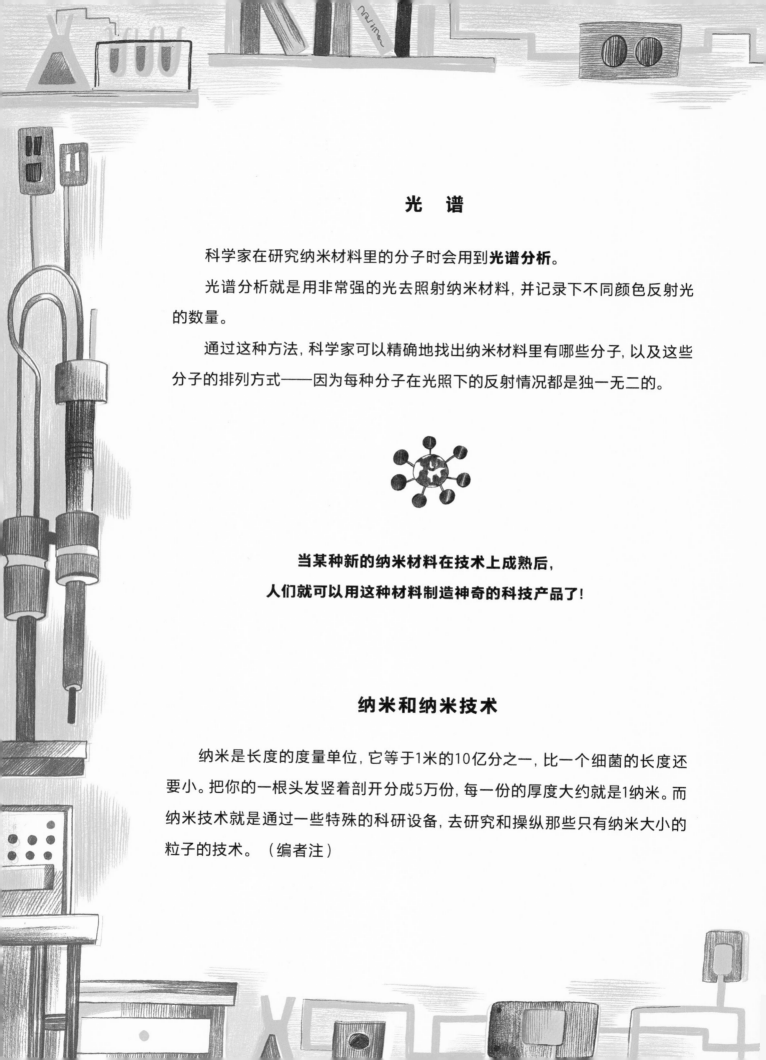

当某种新的纳米材料在技术上成熟后，

人们就可以用这种材料制造神奇的科技产品了！

纳米和纳米技术

纳米是长度的度量单位，它等于1米的10亿分之一，比一个细菌的长度还要小。把你的一根头发竖着剖开分成5万份，每一份的厚度大约就是1纳米。而纳米技术就是通过一些特殊的科研设备，去研究和操纵那些只有纳米大小的粒子的技术。（编者注）

作者介绍

杰丝·韦德是一位优秀的科学家。白天，她在英国帝国理工学院的实验室工作，研发用于制作电子设备的新材料；夜晚，她致力于撰写文章，在网络上宣传常被人们忽略的科学家以及他们的重要研究成果，推进科学界的公平。

梅利莎·卡斯特里隆是一位英国插画家，她喜欢用大胆的颜色绘制图案。她取得了英国剑桥艺术学院的一等荣誉学位和硕士学位，现居住在剑桥。2020年，她的作品获得了世界插画奖的好评推荐。

索　引

著作合同登记号 图字：11-2021-270

Text © 2021 Dr Jess Wade
Illustrations © 2021 Melissa Castrillón
Published by arrangement with Walker Books Limited, London SE11 5HJ
All rights reserved. No part of this book may be reproduced, transmitted, broadcast or stored in an information retrieval system in any form or by any means, graphic, electronic or mechanical, including photocopying, taping and recording, without prior written permission from the publisher.

图书在版编目(CIP)数据

纳米世界：放大1亿倍之后 / (英) 杰丝・韦德 (Jess Wade) 著；(英) 梅利莎・卡斯特里隆 (Melissa Castrillón) 绘；江群峰译. -- 杭州：浙江科学技术出版社, 2022.4
ISBN 978-7-5341-7937-2

Ⅰ. ①纳… Ⅱ. ①杰… ②梅… ③江… Ⅲ. ①纳米技术—儿童读物 Ⅳ. ①TB383-49

中国版本图书馆CIP数据核字(2022)第025161号

官方微博 @浪花朵朵童书
读者服务 reader@hinabook.com 188-1142-1266
投稿服务 onebook@hinabook.com 133-6631-2326
直销服务 buy@hinabook.com 133-6657-3072

书　　名 纳米世界：放大1亿倍之后
著　　者 ［英］杰丝・韦德
绘　　者 ［英］梅利莎・卡斯特里隆
译　　者 江群峰

出版发行 浙江科学技术出版社
杭州市体育场路347号　邮政编码：310006
办公室电话：0571-85176593
销售部电话：0571-85176040
网址：www.zkpress.com
E-mail：zkpress@zkpress.com
封面设计 墨白空间・闫献龙
印　　刷 中华商务联合印刷（广东）有限公司

开　　本 787 mm × 1092 mm 1/12　**印　　张** $2\frac{2}{3}$
字　　数 20 000
版　　次 2022年4月第1版　**印　　次** 2022年4月第1次印刷
书　　号 ISBN 978-7-5341-7937-2　**定　　价** 60.00元

选题策划 北京浪花朵朵文化传播有限公司
出版统筹 吴兴元
编辑统筹 杨建国　**特邀编辑** 杨　崑
责任编辑 卢晓梅　**责任校对** 张　宁
责任美编 金　晖　**责任印务** 叶文炀

后浪出版咨询(北京)有限责任公司 版权所有，侵权必究
投诉信箱：copyright@hinabook.com　fawu@hinabook.com
未经许可，不得以任何方式复制或者抄袭本书部分或全部内容
本书若有印、装质量问题，请与本公司联系调换，电话010-64072833